BEI GRIN MACHT SICH IHR WISSEN BEZAHLT

- Wir veröffentlichen Ihre Hausarbeit, Bachelor- und Masterarbeit

- Ihr eigenes eBook und Buch - weltweit in allen wichtigen Shops

- Verdienen Sie an jedem Verkauf

Jetzt bei www.GRIN.com hochladen und kostenlos publizieren

Impressum:

Copyright © 2010 GRIN Verlag, Open Publishing GmbH
Druck und Bindung: Books on Demand GmbH, Norderstedt Germany
ISBN: 9783640522415

Dieses Buch bei GRIN:

http://www.grin.com/de/e-book/143019/geschichtlicher-ueberblick-zum-aetzen-
und-beizen-der-nichteisenmetalle

Wolfgang Piersig

Geschichtlicher Überblick zum Ätzen und Beizen der Nichteisenmetalle wie auch von Eisen und Stahl

Beitrag zur Technikgeschichte (12)

GRIN Verlag

Geschichtlicher Überblick

zum

Ätzen und Beizen der Nichteisenmetalle.

wie auch von

Eisen und Stahl.

■

Beitrag zur Technikgeschichte (12).

Dr.-Ing. Wolfgang Piersig
•
Berg- und Adam-Ries-Stadt Annaberg-Buchholz im Januar 2010
–
Geburtsstadt von Emil Heyn.

Vorwort.

In diesem Buch werden historische Exkurse zum Ätzen und Beizen der Nichteisenmetalle sowie von Eisen und Stahl unternommen, daneben erfährt der Leser die Definitionen für das gewollte oberflächlich lokale wie auch flächenhafte Auflösen der Metalle und deren Legierung mittels bestimmter Säuren, Säuregemischen sowie durch spezifische Ätz- und Beizmittel.

Zum einen ist im Text für den Leser definiert und aufgeschrieben, daß unter dem Beizen in der Technik die Oberflächenveränderung fester Körper, z. B. bestimmter Werkstoffe wie auch Legierungen, von Verbrauchgütern, Kunsthandwerk sowie Metallkunst, mittels Lösungen von Säure, Salz u. a. zum Zwecke der Reinigung, der Färbung wie auch der Vorbereitung auf einen Fabrikationsvorgang, einer Weiterbehandlung oder eines Verbrauchs, verstanden wird, und, daß sich diese Oberflächenbehandlung im Gegensatz zum Ätzen auf die gesamte Metalloberfläche erstreckt.

Zum anderen ist in der Schrift für den Leser determiniert und niedergeschrieben, daß unter dem Ätzen im Technischen das Abtragen und Verändern der Oberfläche fester Stoffe, vor allem an Metallen und deren Legierungen, durch Anwendung auflösender, mehr oder weniger chemisch aggressiver Substanzen (Ätzmittel) wie auch den Gebrauch einer elektrochemischen Einwirkung, die Nutzung des Strahlätzens sowie der Strahlenabtragung, verstanden wird, um gezielt vertiefte Zeichnungen, Strukturen, ornamentale Gliederungen, geätzte Schriftzeichen sowie Streifenbänder in das metallische Material zu bekommen. Außerdem erfährt er, daß bei dieser Oberflächenbehandlung im Gegensatz zum Beizen sowohl die Deckschicht lokal gezielt entfernt wie auch ihr Untergrund zweckgerichtet abgetragen werden. Und dies, daß es erforderlich ist, die Oberflächenstellen, die von dem Ätzmittel nicht angegriffen werden sollen, mit einer Schutzschicht, beispielsweise aus Kunstharz, Wachs, Asphalt oder Pech, abzudecken.

Mit historischen Überblicken zur Entwicklung des Ätzens und Beizens der Nichteisenmetalle wie auch von Eisen und Stahl wird auch auserwähltes zum Gebrauch dieser Verfahren für die Oberflächenreinigung bzw. Oberflächenmodifizierung von den Ursprüngen bis in die Jetztzeit vermittelt. Darüber hinaus werden Determinationen zum Metallbeizen und -ätzen, speziell zum Ätzen in der Metallographie, gegeben.

In der Publikation werden außerdem Erläuterungen gegeben zum Tauchbeizen, Sprühbeizen, Umlaufbeizen, Beizen mit Beizpasten bzw. Beizgels, Eisenwerkstoffbeizen, Beizen nicht rostender Stähle, Beizen von Aluminium und anderer Metalle, Vorteil des Beizens gegenüber dem Schleifen oder Glasstrahlen, zu den Arten des Metallätzens, wie zum Trockenätzen, physikalischen, chemischen und chemisch-physikalischen Ätzen wie auch zu den Vorteilen der Ätzverfahren.

In dieses zur Veröffentlichung gebrachte Printmedium eingebunden sind für den Leser außerdem umfangreiche weiterführende Literaturhinweise, die das Gesamtwerk zur Genese des Ätzens und Beizens abrunden.

Geschichtlicher Überblick zum Ätzen und Beizen der Nichteisenmetalle wie auch von Eisen und Stahl.

Geschichtlicher Überblick zum Ätzen und Beizen der Nichteisenmetalle [1].

Bekanntlich ist das Metallbeizen ein Behandeln der Werkstoffoberfläche zum Zweck ihrer Reinigung, Färbung oder Vorbereitung für die weitere Bearbeitung bzw. Verwendung und wird aller Wahrscheinlichkeit seit den Anfängen der Metallbe- und Werkstoffverarbeitung angewendet.

Aus gefundenen und untersuchten Gegenständen aus Metall wird geschlussfolgert, daß die Kunst des Beizens und Färbens der Metalle fast so alt ist wie Metallbe- und –verarbeitung. Hervorragende Leistungen dazu vollbrachten schon die alten Ägypter. Bereits im Alten Reich (etwa bis 2500 v. u. Z.) haben sich die ägyptischen Priester mit der Herstellung und Bearbeitung der spürbar beschäftigt. Zentren der Metallgewinnung und –be- sowie –verarbeitung waren Memphis – die älteste Hauptstadt Reiches – und Dendera *) bei Theben.

Sowohl in der Zeit des Mittleren und des Neuen Reiches (1580 bis 1100 v. u. Z.) als auch in der ptolemäischen und hellenistischen Zeit (vor 600 v. u. Z. bis etwa 600 u. Z.) nahm diese Priestergewerbebetätigung zu und es entstanden sogar ausgedehnte industrielle Anlagen.

In den Tempelwerkstätten, den so genannten „Goldhäusern" – aber auch als „Kammern der Geheimnisse" genannte – verstand man es nicht nur Metalle herzustellen und zu verarbeiten, sondern auch ihre Farbe und Eigenschaften zu ändern, letzteres wurde mit Eifer und Erfolg betrieben. Was einst aus reinem Gold oder Silber bestand, wurde später aus vergoldetem und versilbertem Kupfer hergestellt, wobei die Nachahmung dem Echten täuschend ähnlich war.

Die „wahren Lehren", die die Verfahren bzw. Rezepte enthalten, um Edelmetalle zu imitieren oder zu fälschen, blieben lange verborgen, da Aufzeichnungen oder Schriften darüber meist als Grabbeilagen dienten. Dies geschah auch oft, um die Angehörigen zu schützen, wenn Metallveränderungen in betrügerischer Absicht erfolgten. Aus diesem Grunde ließ auch der römische Kaiser Diokletion (284 bis 305, der Ägypten im Jahre 296 unterworfen hatte, anordnen, die vorhandenen „Goldmacherbücher" zu verbrennen, damit viele chemisch-technische Werke der „Antiktechnik" verloren.

Erste schriftliche Quellen, die Auskunft geben über den Stand der Metallbearbeitung in den Tempelwerkstätten und auch die „Geheimnisse der Goldhäuser", stellen die zwei im Jahre 1828 in einem Gräberfeld bei Theben aufgefundenen in Griechisch-Demotisch geschriebenen Papyrusbände dar. Beide Papyri – der „Leidener Papyrus X" (Papyrus Leidensis X) und der „Stockholmer Papyrus" (Papyrus Graecus Holmiensis) – benannt nach ihren Aufbewahrungsorten, stammen wahrscheinlich aus dem späten dritten bzw. frühen vierten

---

*) Dendera (auch Dendara, Dandara, Dendrah; altägyptisch Tantarer, Taentem) ist ein Ort in Oberägypten, der mehr als 55 Kilometer von Luxor am linken Ufer des Nil gegenüber der Stadt Kena (Kene) am Rande der Wüste liegt. Die Ruinen des altägyptischen Ortes befinden sich in der Nähe der Stadt auf einer Bergebene.

[1] Piersig, W.: Beizen der Nichteisenmetalle von den Anfängen bis zum Ende des 19. Jahrhunderts, Fertigungstechnik und Betrieb 38 (1988), H. 6, S. 364/365.

Jahrhundert u. Z. Sie sind wahrscheinlich die ältesten kunsttechnologischen Schriftquellen mit Anleitungen zur Herstellung von Farben und zur Metallverarbeitung in der Antike (etwa von 1200 bzw. 800 v. u. Z. bis ca. 600 u. Z.).

Ihr Inhalt, zahlreiche chemische Verfahren in Form von 250 technisch-praktischen Rezepten zur Behandlung von Edelmetallen, Nachahmungen bzw. Fälschungen von Edelmetallen, Edelsteinen, Perlen, Purpurfärberei, Herstellung von Textil- und Malerfarben wie auch Gold- und Silbertinten, geht möglicherweise auf wesentlich ältere ägyptische Quellen zurück. Dafür sprechen die Übersetzungen der angeführten Papyri und die Entschlüsselung ihrer Rezepte.

Nach den Papyri wurden kupferne und silberne Gegenstände u. v. a. gebeizt mit Brühe aus ausgekochten Runkelrüben, scharfer Salzlake, konzentrierter Alaunlösung, Essig-Alaun- und/oder –Salz-Gemischen sowie Fruchtsäuren, woran sich an das oft mehrtägige Beizen meist ein Abreiben und Abspülen der Metalloberflächen anschloss. Aus [2] geht hervor, daß so nachvollzogene Beizversuche mehr oder minder wirkungsvoll sind.

Besonders aufschlussreich dabei ist, daß es mit einem Gemisch von Zitronensäure und Alaun nicht nur möglich gewesen sein muß, verzundertes Kupferblech metallisch rein zu bekommen, sondern auch Gefügestrukturen sichtbar zu machen. Hieraus spricht eigentlich auch, daß die makroskopische Gefügebetrachtung geätzter bzw. gebeizter Metalloberflächen, möglicherweise auch Metallbruchflächen, viel früher schon Bedeutung hatte, als oft angenommen wird.

Neben den reichen Erfahrungen im Metallbeizen waren die alten Ägypter auch in den Künsten des Metallfärbens bewandert. So wurden z. B. noch heiße Gussbronzen in geschmolzenem Harz auf der Metalloberfläche abgetönt. Auch das Schwarzfärben des Silbers, die Herstellung des Niello (eine Technik, die auf der Herstellung von Schwefelverbindungen beruht) war ihnen geläufig.

Weiteren Aufschluss über die hoch entwickelte Kunst des Metallbeizens und –färbens der alten Ägypter und des Altertums gibt auch die von Cajus Plinius Secundus (23 bis 79 v. u. Z.) verfasste „Naturgeschichte". Außerdem vermittelt das Werk auch die damals praktizierten Techniken des Schwärzens des Silbers mit einem harten Eidotter und des Eisenbronzierens durch Bestreichen der Eisenoberfläche mit Essig und Alaun sowie des Reinigens und Beizens von Kupfer bzw. Eisen durch Verwendung von Urin oder einer Mischung von Salz, Essig und Alaun, aber auch von Salmiak, Borax, Salpeter, Vitriol, Alaun und weißen Weinessig. Die zu beheizenden Gegenstände wurden dabei meist erhitzt in diese Gemische getaucht.

Plinius enzyklopädisches Werk gilt nicht nur als großes technisches Elaborat seiner Zeit, sondern es wirkte auch das ganze Mittelalter hindurch als Ratgeber für das Metallbeizen und –färben. Sogar noch am Ende des Mittelalters und auch zu Beginn der Renaissance bezieht man sich mehrfach auf diesen römischen Schriftsteller. Dies erfolgt sowohl in dem aus dem Jahre 1376 stammenden „Manuale chemicum" als auch in der vom Italiener Vannoccio Biringuccio (1480 bis 1538?) geschriebenen „Pirotechnia".

[2]   Vogel, O.: Handbuch der Metallbeizerei, Band 1, Nichteisenmetalle, Weinheim / Bergstraße: Verlag Chemie m. b. H. 1951.

Historisch wertvolle Aussagen zur Metallbearbeitung, Metallbeizerei und Metallverwandlung enthält die im 3. Jahrhundert v. u. Z. von Bolos (unter dem Namen Demokritos, 460 v. u. Z. bis um 360 v. u. Z.) veröffentlichte Schrift „Physika kai mystika" (natürlicher und mystische Dinge). In ihr sind Metallbearbeitungsrezepte enthalten, die sowohl dem Leidener als auch Stockholmer Papyrus ähneln.

Von nicht minderer Bedeutung für die Aufklärung der geschichtlichen Entwicklung auf dem Gebiet des Metallbeizens und Metallreinigens sind die aus dem Jahre 320 v. u. Z. von dem griechischen Philosophen und Naturforscher Theophrastus (390 bis 287 v. u. Z.) stammenden Schilderungen, wonach die beizende Wirkung von Essig auf Kupfer und Kupferoxid bekannt waren. Von ihm wird auch 300 v. u. Z., wie schon 430 v. u. Z. von Hippokrates (um 460 bis 377 v. u. Z.), das Mineral Chrysokoll *) erwähnt, das zum Löten verwendet wurde, um wie beim Vergolden, Versilbern und Verzinnen reinste haftfähige Metalloberflächen zu erhalten.

Im 8. bis 11. Jahrhundert entstanden im persisch-arabischen Kulturkreis technische Schriften mit Rezepturen von Loten und Flussmitteln, wobei Borax und Salmiak als Flussmittel angegeben sind. Über Flussmittel schreibt 1122 ebenfalls der ehemalige Goldschmied und spätere Benediktinermönch Theophilus Presbyter (um 1070 bis nach 1125) – eigentlich Rogerus von Helmarshausen – in seiner in den Jahren um 1100 bis 1120 entstandenen dreibändigen Schriftensammlung „Schedula diversarum artium" **) (auch „De diversis artibus"), eine in Latein verfassten, ausführlichen Darstellung über verschiedene Techniken des Kunsthandwerks des Mittelalters [24].

In den Anfängen der Metallbeizerei bis zum Ende Mittelalters wurden ausschließlich vegetabitische Säuren verwendet. Daß möglicherweise im Altertum Mineralsäuren angewendet worden sind, ist bisher nicht bewiesen. Aus spätbyzantinischen Schriften vom Ende des 13. bzw. Anfang des 14. Jahrhunderts geht nach [3] die Kenntnis über Mineralsäuren und ihren Einsatz hervor. Dort erfolgt auch die erste Erwähnung, daß zum Trennen des Goldes und des Silbers „starkes Wasser" oder „Scheidewasser", das auch „scharfes Wasser" genannt wird, eingesetzt wurde.

Ihre Entdeckung geht wahrscheinlich auf die Ausbildung der Destillation in Süditalien zurück. Als ihre ältesten Spuren gelten auch die Angaben im „Sammelbuch" des Kardinals und Bischof von Albano, Vitalis de Furno (1247 bis 1327). Er beschrieb darin die Darstellung einer unreinen Salpetersäure aus Salpeter und Kupfervitriol. Sie wurde als eine Art Wasser, das „Auflösende", bezeichnet.

*)   Chrysokoll ist auch als Chrysokolla, Kieselkupfer, Kieselmalachit, Kupferkiesel, Kupfergrün oder Berggrün bekannt und hat die ungefähre chemische Zusammensetzung $Cu_4H_4[(OH)_8|Si4O_{10} \cdot n\ H_2O)$.

**) Im ersten Buch der Schedula diversarum artium werden Maltechniken, Farben und Tinten sowie die Herstellung der Mal- und Zeichenmittel beschrieben, der zweite Band ist der Herstellung von farbigem Glas und Glasmalereien gewidmet und im dritten Band werden ausführlich die bei der künstlerischen Gestaltung von Metallobjekten üblichen Verfahren erklärt.

[3] Ceram, W. C.: Goetter, Gräber und Gelehrte, Berlin: Verlag Volk und Welt 1987.
[24] www.beyars.com/kunstlexikon/lexikon_7909.html. Das grosse Kunstlexikon von P. W. Hartmann.

Von ihr wird ausgesagt, daß sie auf einem Wolltuch unter Gelbfärbung zerstörend wirkt und, daß sie alles Metallische, alles Eiserne (auch Stahl), Blei, Kupfer, Silber, Gold und dgl. sowie alle gebrannten (calcinierten) Steine und sonstigen Körper löst. Hierbei muß es sich möglicherweise um Salpetersäure, HNO_3 (mit darin enthaltener Salzsäure, HCl) – das „Königswasser" („Aqua regis" oder „Aqua regia") – gehandelt haben, da auch der „König der Metalle" – das Gold – als lösbar angegeben worden ist.

Auch der Italiener Vanuccio (auch Vannoccio) Biringuccio widmete in seinem bereits erwähnten einzigen, aber sehr bedeutsamen Werk „Della pirotechnica Libri X" (kurz: „Pyrotechnica" bzw. „Pirotechnia", erschienen Venedig – 1540 [5]) der Herstellung des gewöhnlichen Scheidewassers ein Kapitel und beschreibt dieses auch mit seinen Eigenschaften, wonach es sauer ist und die Kraft zu ätzen hat und das Silber und alle anderen Metalle an sich zu ziehen, die man hinein tut, mit Ausnahme des Goldes (s. a. Seite 16). Georgius Agricolas (Georg Bauer, 1494 bis 1555) Beschreibungen in seinem Hauptwerk „De re metallica libri XII" (erschienen Basel - 1556 [6], [23]) schließen sich an diejenigen von Vanuccio Biringuccio an (s. a. Seite 17).

Obwohl schon in der Mitte des 13. Jahrhunderts der Dominikaner Albertus Magnus (1193 bis 1280) den „römischen Vitriolgeist" beschreibt, gibt es bei ihm aber noch keine Aussage zur Wirkung auf die Metalle. Blasius Valentinius (auch Valentinus), Alchemist und Benediktinermönch, aber hatte schon um 1600 erkannt, daß durch die Verdünnung der Schwefelsäure ihr Vermögen, Metalle aufzulösen, bedeutend verstärkt wird. Auf ihn geht auch die erste Destillation von Salzsäure zurück.

Da für die genannten Mineralsäuren in den ersten 450 Jahren des gewerbsmäßigen Beizens ein sehr hoher Preis zu zahlen war, benutzten die alten Beizer bis ausgangs der industriellen Revolution weiterhin die schwachen und langsam wirkenden, dafür aber auch billigen und völlig harmlosen organischen Beizmittel. Es waren in der Hauptsache Branntweintreber, Confent oder Dünnbier, Hefe (von Bier, Essig und Wein), Heringsbrühe, Holzessig, Kartoffelbeize, Kohlsaft, saure Molken, Mutterlauge von Alaun, Pechwasser, Roggenbeize, Teergalle, Urin, Weinstein allein und in Verbindung mit Kochsalz.

Als die ausgeprägtesten Beizverfahren galten das „Weißsieden", das „Kupferbeizen", „Messingbeizen" und „Bronzebeizen". Das „Weißsieden" – ausschließlich ein zum Reinigen von Münzen – war schon zur römischen Kaiserzeit bekannt. Es wurde vielfach auch im Mittelalter ausgeübt und fand weit bis ins 20. Jahrhundert in der Münztechnik Anwendung.

Die älteste Angabe, die über das „Weißsieden" oder „Blanchieren" bekannt ist, findet sich im „Wiener Münzbuch". Darin wird berichtet, daß 1.300 silberne Münzplatten blanchiert wurden. Hauptsächlich wurde beim „Weißsieden" mit Weinstein und Salz gearbeitet. Bestätigt wird dies in einer Münzordnung für Zürich und Luzern aus dem Jahre 1421 sowie einer Braunschweiger Verordnung von 1622, aber auch durch die Ausführungen im unter dem Titel bekannten „Mittelalterlichen Hausbuch" [4].

[4] Essenwein, A.: Mittelalterliches Hausbuch, Frankfurt a. Main 1887.
[6] Agricola, G.: De re metallica libri XII, Basel: Froben 1556.
[23] Matschoß, C.: Große Ingenieure, Lebensbeschreibungen aus Geschichte der Technik, München, Berlin: J. F. Lehmanns Verlag 1937.

Nach dem Italiener Vanuccio Biringuccio [5] wird „beim Weißsieden des Silbers außer Weinstein und Salz auch etwas Alaun zugesetzt" und nicht nur Silbermünzen, sondern auch Goldmünzen wurden so „blanchiert".

Den Goldmünzen gab man hingegen durch Absieden meist in einer Auflösung von weißem Vitriol, Salmiak und Grünspan ein besseres Aussehen.

Vom italienischen Goldschmied und Bildhauer Benvenuto Cellini (1500 bis 1571) ist bekannt geworden, daß dem Weißsieden nicht nur kleine Metallteile (Gold- wie auch Silbermünzen) unterworfen wurden, sondern auch massivere Gegenstände, z. B. Statuen, was aber teilweise größere Probleme mit sich brachte.

Vom Reinigen der Kupferoberflächen ist bekannt, daß dies seit den frühen Zeiten an bis ins Mittelalter hinein fast ausschließlich nur durch Schaben oder Kratzen vorgenommen worden ist. Als frühester Hinweis zum Kupferbeizen gilt eigentlich auch hier das bereits erwähnte erste wissenschaftliche Buch zur Metallurgie - die „Pirotechnia", im Original: „Della pirotechnica Libri X., delle minere e metalli". In ihr [5] wird von Vanuccio Biringuccio empfohlen, kupferne Gefäße vor dem Verzinnen mit etwas Salz und Essig auszukochen sowie anschließend blank zu scheuern, silbernes Aussehen erzielt man aber erst nachdem man das Kupfer ausgeglüht und mit gesalzenem Wasser und Harn löscht.

Hinweise zum Messing- und Bronzebeizen setzten verhältnismäßig spät ein. Für das Messingbeizen sind es nachweislich Lienz in Tirol (1564) und Möllbrücke bei Sachsenburg (1579).

Die Entwicklung der Beizen wurde bestimmt durch die Kenntnis der Metalle und ihrer Legierungen. Da man lange Zeit nur die Metalle Gold, Silber, Kupfer, Eisen, Blei, Zinn und Quecksilber, also die der sieben Metalle der Antike, kannte waren auch nur fast einheitliche Beizen ausreichend, bedingt auch dadurch, weil der Zeitfaktor kaum eine Rolle spielte.

[5] Biringuccio, V.: Della pirotechnica Libri X, Zehn Bücher von der Feuerkunst.

Literaturteil:

Geschichtlicher Überblick zum Ätzen und Beizen der Nichteisenmetalle.

[1] Piersig, W.: Beizen der Nichteisenmetalle von den Anfängen bis zum Ende des 19. Jahrhunderts, Fertigungstechnik und Betrieb 38 (1988), H. 6, S. 364/365.

[2] Vogel, O.; u. M. Vogel, H.: Handbuch der Metallbeizerei, Band 1, Nichteisenmetalle, Weinheim / Bergstraße: Verlag Chemie 1951.

[3] Ceram, W. C.: Goetter, Gräber und Gelehrte, Berlin: Verlag Volk und Welt 1987.

[4] Essenwein, A.: Mittelalterliches Hausbuch, Frankfurt a. Main 1887.

[5] Biringuccio, V.: Della pirotechnica Libri X, Zehn Bücher von der Feuerkunst.

[6] Agricola, G.: De re metallica libri XII, Basel: Froben 1556.

[7] Strube, W.: Der historische Weg der Chemie, Band I: Von der Urzeit bis zur industriellen Revolution, Leipzig: Deutscher Verlag für Grundstoffindustrie 1976.

[8] Theobald, W.: Technik des Kunsthandwerks im 10. Jahrhundert Des T. Schedula Diversarum Artium, Berlin 1933, spätere Ausgaben 1953 und 1981.

[9] Theobald, W. (Hrsg.): Technik des Kunsthandwerks im zwölften Jahrhundert des Theophilus Presbyter, Düsseldorf: VDI-Verlag 1984, vollständiges Reprint der Ausgabe Berlin: VDI-Verlag 1933.

[10] Brepohl, E.: Theophilus Presbyter und die mittelalterliche Goldschmiedekunst, Leipzig: Ed. Leipzig 1987.

[11] Brepohl, E.: Theophilus Presbyter und die mittelalterliche Goldschmiedekunst, Wien, Köln, Graz: Böhlau 1987.

[12] Brepohl, E.: Theophilus Presbyter und das mittelalterliche Kunsthandwerk, Köln 1999.

[13] Bernsdorf, G.: Auf heißen Spuren vom Schmieden, Löten, Schweißen, Leipzig: Fachbuchverlag 1986.

[14] Brepohl, E.; Koch, R.: Schmuck und Uhren, Leipzig: Fachbuchverlag 1988.

[15] Einsiedel, R.: Kunsthandwerkliche Kupferschmiedearbeiten, Leipzig: Fachbuchverlag 1988.

[16] Johannsen, O.: Biringuccios Pirotechnia. Ein Lehrbuch der chemisch-metallurgischen Technologie und des Artilleriewesens aus dem 16. Jahrhundert. Übersetzt und erläutert von Dr. Otto Johannsen nach der historisch-kritischen Ausgabe von Mieli (Biringuccio 1540/1914), Braunschweig: Verlag von Friedrich Vieweg & Sohn Akt.-Ges. 1925.

[17] Beck, Th.: Vannoccio Biringuccio in Beiträge zur Geschichte des Maschinenbaus, Berlin: Verlag Julius Springer 1900.

[18] Matschoß, C.: Männer der Technik. Klassiker der Technik. Ein biographisches Handbuch, Berlin VDI-Verlag 1925 / Düsseldorf: VDI-Verlag 1985.

[19] Vogel, H.; u. M. Vogel, O.: Handbuch der Metallbeizerei, Band 2, Eisenwerkstoffe, Weinheim / Bergstraße: Verlag Chemie 1951.

[20] Schumann, H.: Metallographie, Leipzig: Deutscher Verlag für Grundstoffindustrie 1969.

[21] Tammann, G. H. J.: Lehrbuch der Metallographie – Chemie und Physik der Metalle und ihrer Legierungen, Leipzig: Leopold Voss 1914, 1921, 1923; Elibron Classics series, Boston: Adamant Media Corporation 2006.

[22] Matschoß, C.: Große Ingenieure, Lebensbeschreibungen aus Geschichte der Technik, II. Vom Zusammenbruch des Römischen Reiches bis zum Entstehen der neuzeitigen Technik im 18. Jahrhundert, 6. Georgius Agricola und die deutschen Kunstmeister des Berg- und Hüttenwesens, München, Berlin: J. F. Lehmanns Verlag 1937.

[23] www.beyars.com/kunstlexikon/lexikon_7909.html.

[24] dictionary.babylon.com/Beizen sowie Wikipedia Beizen.

[25] Meyers Konversations-Lexikon, Eine Encyklopädie des allgemeinen Wissens, Zweiter Band, Ätzen; Ätzfiguren; Ätzmittel, S. 34/36, Leipzig: Verlag des Bibliographischen Instituts 1885.

[26] Meyers Konversations-Lexikon, Eine Encyklopädie des allgemeinen Wissens, Zweiter Band, Beizen, S. 631, Leipzig: Verlag des Bibliographischen Instituts 1885.

[27] Meyers Lexikon, Erster Band, Ätzen; Ätzmaschinen; Ätzmittel, Sp. 1088/1091, Leipzig: Bibliographisches Institut 1924.

[28] Meyers Lexikon, Zweiter Band, Beizen, Sp. 50, Leipzig: Bibliographisches Institut 1925.

[29] Der große Brockhaus, Handbuch des Wissens in zwanzig Bänden, Zweiter Band, Ätzen, S. 43/44, Leipzig: F. A. Brockhaus 1929.

[30] Der große Brockhaus, Handbuch des Wissens in zwanzig Bänden, Zweiter Band, Beizen, S. 476, Leipzig: F. A. Brockhaus 1929.

[31] Meyers neues Lexikon, Band 1, Ätzen; Ätztiefe; Ätzverfahren; Ätzvergolden, S. 592/593, Leipzig: Bibliographisches Institut 1972.

[32] Meyers neues Lexikon, Band 2, Beizen; Beizfehler; Beizgeräte; Beizmittel, S. 162/163, Leipzig: Bibliographisches Institut 1972.

[33] Brockhaus Enzyklopädie in vierundzwanzig Bänden, Zweiter Band, Ätzen, S. 290/292, Mannheim: F. A. Brockhaus 1987.

[34] Brockhaus Enzyklopädie in vierundzwanzig Bänden, Dritter Band, Beizen, S. 46/47, Mannheim: F. A. Brockhaus 1987.

[35] www.kso-beizerei.de.

[36] www.euro-inox.org/pdf/map/Passivating_Pickling_DE.pdf.

[37] www.rahaus.com/pics/pdf/PDF_Beizbad.pdf.

[38] www.bsk-siegen.de/index.php?option=com...

[39] www.ritter-chemie.com/.../index.html.

[40] www.henkel-epol.com/...pdf/10_chemikalien_produkt_lieferspektrum.pdf.

[41] www.edelstahlbeizerei.de/beizverfahren.htm.

Geschichtlicher Überblick zum Ätzen und Beizen von Eisen und Stahl.

Zwischen dem Metallätzen und –beizen besteht eine Verwandtschaft. In beiden Fällen handelt es sich um die Einwirkung einer Säure auf die Metalloberfläche. Der Unterschied besteht bloß darin, daß die Säure beim Beizen auf die ganze Oberfläche wirkt, während beim Ätzen meist nur lokale Bereiche der Oberfläche dem Säureangriff ausgesetzt werden.

Beide Verfahren gehen schon auf sehr frühe Zeiten der Metallverarbeitung zurück. So konnten sich schon vor 2.300 Jahren die Teilnehmer am Feldzug Alexander des Großen (um 356 bis 323 v. u. Z.) nach Indien nicht nur von der besonderen Güte des indischen Stahls überzeugen, sondern auch von der Kunst seiner Ver- und Bearbeitung. Auch außerhalb Indiens entwickelten sich Zentren, die indischen Stahl verarbeiteten, z. B. in der syrischen Damaskus. Dort wurden von den Schmieden vor rund 2.000 Jahren schon beste Waffen und Gegenstände mit sehr verschiedenartigen und zum Teil schmuckvollen Musterungen aus dem zum Sammelbegriff für Stahl hoher Qualität gewordenen „Damaszenerstahl" hergestellt.

Auch im mittleren und nördlichen Europa erreichte die Eisenbe- und –verarbeitung in den letzten vier bis fünf Jahrhunderten v. u. Z. eine hohe Stufe. Auch hier wurden die Waffen und Gegenstände hoher Qualität oft mit prunkvollen Verzierungen versehen. Aus den Funden von verzierten Eisenerzeugnissen verschiedenster Eisen- und Stahlzentren geht hervor, daß diese Verzierungen und Musterungen nicht nur auf mechanischem Wege aufgebracht wurden, sondern auch auf chemischem.

Zur Anwendung des Ätzens kam es durch Zufall. Es wird angenommen, daß die alten Metallurgen und Schmiede, die ihre blank polierten Erzeugnisse, in Ermangelung eines anderen Rostschutzmittels, mit Wachsüberzügen versahen, um sie vor dem Verrosten zu schützen. Beschädigungen derartiger Wachsüberzüge und Berührungen mit einer sauren Flüssigkeit brachte an diesen Stellen ein den Verletzungen entsprechendes Ätzbild. Dieser Vorgang, der da rein zufällig erfolgt war, wird dann später mit Absicht wiederholt worden sein, und so ist es wahrscheinlich zum gezielten Ätzen gekommen.

In Mitteleuropa kam das Ätzen bei Eisenerzeugnissen besonders zu zwei Zeiten, nämlich einmal am Schluss der La Téne-Periode (also in den letzten 100 bis 150 Jahren v. u. Z.) und zum anderen Mal in der römischen Kaiserzeit (nach Althistorikern der Epochenabschnitt von 27 v. u. Z. bis 284/285 u. Z.), die sich unmittelbar an die La Téne-Zeit anschloss.

Zwei Verfahren waren gebräuchlich, das Einätzen einer Figur oder Zeichnung in die Metalloberfläche oder das Abätzen des Untergrundes, wobei das Ornament reliefartig stehen blieb. Mit Hilfe der Wachsmethode wurden säurefeste Ätzflächen geschaffen. Die einzige Säure, die in jenen Zeiten dem Schmied zur Verfügung stand, war Essig. Möglicherweise können auch Pflanzensäfte, Obstsäfte, Zitronensaft und saure Milch zum Einsatz gekommen sein.

Die in den vom Kaiser Diocletianus (239 bis 313 u. Z.) um 285/295 u. Z. in Damaskus errichteten Waffenfabriken fertigten Damastklingen. Auch die Schwerter der späteren Römerzeit und die der Franken, Alemannen und Wikinger in Europa sowie die der Inder und Japaner enthalten schon wellenförmige mit Hilfe von Ätzen hergestellte Schlangenmuster.

Einer der bekanntesten schriftlichen Belege für wurmbunten Damast ist ein Brief des Gotenkönigs Theoderich (454 bis 526 u. Z.) an Thrasamund (450 bis 523), Vandalenkönig (von 496 bis 523 u. Z.), aus der ersten Hälfte des 6. Jahrhunderts u. Z. Auch der arabische Geograph El-Edrisi (1100 bis 1166) stellte im Jahre 1154 die Berühmtheit der indischen Kunst der Metallbearbeitung heraus. Bereits schon 100 Jahre zuvor berichtete der arabische Gelehrte Al-Biruni [Abū 'r-Raihān Muhammad ibn Ahmad al-Bīrūnī [24] *) - (973 bis 1048)], daß die Klingen der indischen Schwerter unterschiedliche Farben besaßen: grüne (das polierte Eisen wurde mit erhitztem Kupfervitriol eingerieben), blaue, weiße oder farang farbige.

Im späten Mittelalter und in der frühen Neuzeit wandte man das Ätzen zum Schmücken von Rüstungen (Helmen und Harnischplatten) an.

Die älteste schriftliche Nachricht über das Eisenätzen stammt aus dem „Sammelbuch" des französisch-franziskanischen Kardinals und Bischof von Albano, Vitalis de Furno (1247 bis 1327). Danach werden Ätzfiguren erzielt, indem an bloßgelegten Stellen eines Wachsüberzuges Essig einwirken kann.

Rezepte zum Ätzen von Eisen haben sowohl der Schwede Peder Mánsson (1462 bis 1534) – er aus der Zeit um 1400 – in der Schrift „Auf Eisen schreiben" als auch H. G. Th. Frecken in seinem Kunstbuch „T. Bouk vá Wondre" (1513) erwähnt.

Die wohl entscheidendsten Beiträge für die Entwicklung des Metallätzens leisteten die bekannten Metallkundler (wie Metallurgen, Eisenhüttenleute, Metallographen) Réne-Antoine Ferchault, Seigneur de Réaumur (1683 bis 1757) um 1722, Pierre-Clément de Grignon (1723 bis 1783) um 1742, Sven Rinman (1720 bis 1792) um 1765, Robert Hooke (1635 bis 1703) um 1665, Carl von Schreibers (1775 bis 1852) und Aloys Beck Edler von Widmannstätten (1753 bis 1849) um 1808, August Friedrich Alexander von Eversmann (1754 bis 1837) um 1818, Michael Faraday (1791 bis 1867) in der Zeit von 1819 bis 1832, Pawel Petrowitsch Anossow (1797-1851) von 1832 bis um 1840, Dimitri Konstantinowitsch Tschernow (1839-1921) um 1860, Henry Clifton Sorby (1826 bis 1908) nach 1863, Thomas G. Andrews (1813-1885), Adolf Martens (1850 bis 1914) ab 1878 bis 1914, Louis Joseph Troost (1825-1911), Alexandre Pourcel (1841-1929), A. A. Rsheschotarski (1847-1904), Theodor Heinrich Behrens (1843-1905), Augustin Georges Albert Charpy (1865-1945), Frank Lynwood Garrison 1862-1929), Emil Heyn (1867 bis 1923) belegt ab 1898 bis 1923, Floris Osmond (1846-1912), John Edward Stead (1851-1921), Johan August Brinell (1849-1925), Henry Louis Le Chatelier (1850 bis 1936), Henry Marion Howe (1848-1922), Hendrik Willem Bakhius-Roozeboom [manchmal Bakhuys] (1834 bis 1907), William Chandler Roberts-Austen (1843-1902), E. F. Dürre (1834 bis 1905), Nikolai Semjonowitsch Kurnakow (1860-1941), Alexander Alexandrowitsch Bajkov (1870-1946), Paul Oberhoffer (1882 bis 1927), Paul Goerens (1882 bis 1945), Pierre Antoine Jean Sylvestre Chevenard (1888-1960), Gustav Heinrich Johan Apollon Tammann (1861 bis 1938), Albert Sauveur (1863-1939), Nicolescu Cristea-Otin (1879-1954), Eduard Maurer (1886-1962), Marcel Germain R. Portevin (1886-1962), Angelica Schrader (1890 bis 1976), Hermann Schumann, Heinrich Oettel.

[24] Wikipedia: Al-Biruni; de.wikipedia.org/wiki/Al-Biruni
*)   Abū 'r-Raihān Muhammad ibn Ahmad al-Bīrūnī war persischer Universalgelehrter, Mathematiker, Kartograph, Astronom, Astrologe, Philosoph, Pharmakologe, Historiker, Forschungsreisender und Übersetzer aus Chromesien.

Eine der ältesten noch vorhandenen Beizvorschriften findet sich in einer griechischen Handschrift aus dem Jahre 1376. In ihr wird das Beizen von Eisen und Kupfer beschrieben. Danach wurden Salmiak, Borax, Salpeter, Atrement (gemeint ist Vitriol) und Alaun gemischt mit weißem Weinessig zum Ätzen eingesetzt.

Bereits Georgius Agricola gibt in seinem Handbuch der Mineralogie „De Natura fossilium" (1546) eine Beschreibung zum Beizen von zu verzinnendem Eisen mit Hilfe von in Essig aufgelöstem Salmiak. Die engen Beziehungen zwischen dem Eisenbeizen und der Weißblechherstellung sind auch belegt in alten Polizeivorschriften (Nürnberg 1478) und „Ordnung der Blechschmiede" (Nürnberg 1535) bzw. „Zinnordnungen" (Wunsiedel 1544 und 1611).

D. L. G. Karsten (1768 bis 1810) stellt die weittragende Bedeutung des Holzessigs für die Beizerei heraus. Danach kam Meilerwasser als Beize im Eisenwerk Jakobswalde (Schlesien) zum Einsatz. Durch den Nutzen und die Güte dieser Beize überzeugt, führte er diese auch in den drei Eisenwerken Sorge, Thale und Zaushausen ein.

Auch von den sächsischen und böhmischen Eisenwerken und Eisenhütten, z. B.. der Gabrielahütten (Gabrielina Hut, auch Gabrielka) in der Nähe von Olbernhau und Brandau (Brandov) dem Eisenwerk Kallisch (Kalek, Böhmen), dem Erlahammer (Erla in Sachsen), wurde zu Beginn des 19. Jahrhunderts, um Getreide zu sparen, das in diesem Raum unbedingt für Ernährungszwecke benötigt wurde, an Stelle der Kornbeize Holzessig zum Beizen zur Anwendung gebracht. Daß auch in den Emaillierwerken mit Holzschweiß gebeizt wurde, weisen sowohl Eduard Vollhann (auch Vollhan) 1825 [17] als auch Ch. Erbe 1837 aus.

Auch Johann Carl Leuchs berichtete über die Nützlichkeit des Meilerwassers beim Beizen, z. B. schreibt er in [5]: „Früher hatte man schon zu verschiedenen Zeiten die Holzsäure, oder das größtentheils aus ihr bestehende Meilerwasser, zur technischen Anwendung empfohlen. Unter anderen geschah dis von Johann Rudolph Glauber (Apotheker und bedeutender früher Chemiker, 1604 bis 1670, d. A.) vor 1653 und am Harz gebrauchte man es schon seit längerer Zeit zum Beizen der Zinnbleche."

Daneben kamen auch noch im Zeitraum vom letzten Drittel des 18. Jahrhunderts alle anderen Essigarten, Säuren aus dem Pflanzenreiche, saure Säfte von Früchten, Molken, Tierurin bzw. Menschenharn, Frischbier sowie Branntweinschlamm als Beize zur Verwendung, dies rein, aber auch als Gemisch, z. B. mit Vitriol und Salz oder Salmiak bzw. Alaunzusatz.

Solange mit Beizsäuren organischer Natur gearbeitet wurde, waren teilweise Beizzeiten von mehreren Tagen bis Wochen notwendig, um die unerwünschten Rost- und Zunder- bzw. Oxid- sowie Schmutzschichten zu beseitigen, wobei nach dem chemischen Angriff in der Mehrzahl sich ein notwendiges, aber meist langes „Reiben" oder „Scheuern" der Bleche und Gegenstände als wichtige mechanische Nacharbeit, die in der Vielzahl der Fälle von Frauen, Mädchen sowie Jungen besorgt wurde, anschloss.

[5] Leuchs, J. C.: Die Holzessig-Fabrikation, Nürnberg: Verlag von C. Leuchs und Co. 1834.
[17] Vollhan, E.: Beyträge zur neueren Geschichte des Eisenhüttenwesens, Eichstadt: J. M. Beyer 1825.

Erste wissenschaftliche Beiträge auf dem Gebiet der Beizerei leisteten der französische Natur- und Materialienforscher Réne-Antoine Ferchault, Seigneur de Réaumur in seiner Abhandlung über die Weißblechfabrikation im Jahre 1725, Grignon 1775, der schwedische Chemiker und Mineraloge Sven Rinman (17 bis 1792) in den Jahren 1782 und 1788 sowie der französische Mineraloge, Physiker, Chemiker Jean-Henri Hassenfratz (1755 bis 1827) im Jahre 1812.

Letzterer erarbeitete als erster eine fünfgliedrige Klassifikation aller bisher zum Beizen vorgeschlagenen Substanzen. Erste Beizversuche mit „Vitriolsäure", - so nannte man damals die Schwefelsäure -, wurden nach Dietrich Ludwig Gustav Karsten (1768 bis 1810) schon 1791 auf den Kgl. Preußischen Metallhütten angestellt, aber nach Dickinson in England sogar schon 1774. Nachweislich ist ihr Einsatz in verdünnter Form 1828 zum Drahtbeizen in Jakobswalde vorgenommen worden.

Über den Einsatz von Salzsäure wird erstmals 1825 berichtet. Nach Flower (1880) soll in England der Ersatz der Kleienbeize durch Salzsäure teilweise bereits 1760 erfolgt sein. Neben den anfänglich eingesetzten Beizen Schwefelsäure und Salzsäure, kommen besonders im 20. Jahrhundert als Eisenbeizen auch Salpetersäure, Flusssäure, Phosphorsäure und Natriumbisulfat hinzu.

Von den beiden gebräuchlichsten Beizsäuren nimmt am Ende des 3. Jahrzehnts des vergangenen Jahrhunderts die Schwefelsäure einen bedeutenden Platz ein. In Deutschland wurden etwa zwei Drittel Eisen und Stahl mit Schwefelsäure (H_2SO_4) und ungefähr ein Drittel mit Salzsäure (HCl) behandelt, kaum ein bis zwei Prozent entfielen auf die anderen Säuren.

Über insgesamt fünfundfünfzig Ätzmittel informiert sehr ausführlich u. a. auch Hermann Schumann in seinem Buch Metallographie [9]. Darin werden sowohl für Eisen, un- bis mittellegierte Stähle und Gusseisen wie auch hoch legierte Stähle; aber auch für Kupfer und Kupferlegierungen; Zink und Zinklegierungen; Blei und Bleilegierungen; Aluminium und Aluminiumlegierungen; Magnesium und Magnesiumlegierungen sowie sonstige Metalle und Legierungen ihre Bezeichnung genannt, Zusammensetzung und Verwendungshinweise bekannt gegeben.

[9]   Schumann, H.: Metallographie, Leipzig: Deutscher Verlag für Grundstoffindustrie 1969.

Literaturteil:

Geschichtlicher Überblick zum Ätzen und Beizen von Eisen und Stahl.

[1]   Piersig, W.: Abriss zur Entwicklungsgeschichte des Eisenätzens und Eisenbeizens, Fertigungstechnik und Betrieb 38 (1988), Nr. 5, S. 309/310.

[2]   Vogel, H.; u. M. Vogel, O.: Handbuch der Metallbeizerei, Band 2, Eisenwerkstoffe, Weinheim / Bergstraße: Verlag Chemie 1951.

[3]   Vogel, O.; u. M. Vogel, H.: Handbuch der Metallbeizerei, Band 1, Nichteisenmetalle, Weinheim / Bergstraße: Verlag Chemie 1951.

[4]   Rinman, S.: Unterricht vom Polieren des Eisens und Stahls. Für Stahlarbeiter. Aus dem Schwedischen übersetzt von C. G. Gröning, Flensburg: Korte 1787.

[5]   Leuchs, J. C.: Die Holzessig-Fabrikation. Gründliche Anweisung zur Bereitung, Reinigung und Benutzung der Holzsäure oder des Holzessigs, nach den neuesten und besten Verfahrensarten, Abschnitte: Geschichtliche Bemerkungen, S. 5; Anwendung des rohen Holzessigs oder der Holzsäure, 1. Zum Beizen des zu verzinnenden Blechs, S. 11/12; Salze mit rohem Holzessig, S. 15/21; Nürnberg: Verlag von C. Leuchs und Co. 1834.

[6]   Schrader, A.: Ätzheft: Anweisung zur Herstellung von Metallschliffen; Verzeichnis von Ätzmitteln, Verfahren zur Gefügeentwicklung, Berlin: Borntraeger 1941.

[7]   Schrader, A.: Ätzheft: Verfahren zur Schliffherstellung und Gefügeentwicklung für die Metallographie, Berlin: Borntraeger 1957.

[8]   Beckert, M.: Handbuch der metallographischen Ätzverfahren, Leipzig: Deutscher Verlag für Grundstoffindustrie 1962; 1976; 1984.

[9]   Schumann, H.: Metallographie, Leipzig: Deutscher Verlag für Grundstoffindustrie 1969.

[10] Starschill, M.: Neuzeitliches Beizen von Metallen: Reizen, Entzundern, Entrosten, Gelbbrennen, Glanzbeizen, Ätzen, Entfernen von Überzügen ..., Bad Saulgau / Württemberg: Leuze 1982.

[11] Petzow, G.: Metallographisches Ätzen, Berlin: Borntraeger 1988.

[12] Rituper, R.: Beizen von Metallen, Bad Saulgau / Württemberg: Eugen Leuze 1993.

[13] Schumann, H.: Metallographie, Leipzig: Deutscher Verlag für Grundstoffindustrie 2001.

[14] Schumann, H.; Oettel, H.: Metallographie, Weinheim: Wiley-VCH-Verlag 2004.

[15] Petzow, G.: Metallographisches, keramographisches, plastographisches Ätzen, Berlin: Borntraeger 2006.

[16] Ohser, J.: Quantitative Metallographie, in: Metallographie, Schumann, H.; Oettel, H.; Weinheim, Berlin: Wilay-VCH-Verlag 2008.

[17] Vollhan, E.: Beyträge zur neueren Geschichte des Eisenhüttenwesens, Eichstadt: J. M. Beyer 1825.

[18] Hanemann, H.; Schrader, A.: Atlas Metallographicus. Eine Lichtbildsammlung für die technische Metallographie, Band I: Kohlenstoffstähle (1933); Band II: Gusseisen (1936); Band III/1: Binäre Legierungen des Aluminiums (1941), Band I bis Band III/1, Berlin: Verlag Gebrüder Borntraeger; Band III/2: Ternäre Legierungen des Aluminiums (1952), Band III/2, Düsseldorf: Verlag Stahleisen.

[19] Goerens, P.: Einführung in die Metallographie, Halle (Saale): W. Knapp-Verlag 1948.

[20] Berglund, T.: Handbuch der metallographischen Schleif-, Polier- und Ätzverfahren; erweiterte deutsche Bearbeitung von Antonie Meyer, Berlin: Springer-Verlag 1940.

[21] Beckert, M.; Klemm, H.: Handbuch der metallographischen Ätzverfahren, Leipzig: Deutscher Verlag für Grundstoffindustrie 1966.

[22] De Ferri Metallographia (dreisprachig), Band I: Grundlagen der Metallographie, Brüssel: Presses Académiques Européennes S. G. 1966.

[23] Tammann, G. H. J.: Lehrbuch der Metallographie – Chemie und Physik der Metalle und ihrer Legierungen, Leipzig: Leopold Voss 1914, 1921, 1923; Elibron Classics series, Boston: Adamant Media Corporation 2006.

[24] Oberhoffer, P.: Das technische Eisen, Berlin: Springer-Verlag 1936.

[25] Meyers Konversations-Lexikon, Eine Encyklopädie des allgemeinen Wissens, Zweiter Band, Ätzen; Ätzfiguren; Ätzmittel, S. 34/36, Leipzig: Verlag des Bibliographischen Instituts 1885.

[26] Meyers Konversations-Lexikon, Eine Encyklopädie des allgemeinen Wissens, Zweiter Band, Beizen, S. 631, Leipzig: Verlag des Bibliographischen Instituts 1885.

[27] Meyers Lexikon, Erster Band, Ätzen; Ätzmaschinen; Ätzmittel, Sp. 1088/1091, Leipzig: Bibliographisches Institut 1924.

[28] Meyers Lexikon, Zweiter Band, Beizen, Sp. 50, Leipzig: Bibliographisches Institut 1925.

[29] Der große Brockhaus, Handbuch des Wissens in zwanzig Bänden, Zweiter Band, Ätzen, S. 43/44, Leipzig: F. A. Brockhaus 1929.

[30] Der große Brockhaus, Handbuch des Wissens in zwanzig Bänden, Zweiter Band, Beizen, S. 476, Leipzig: F. A. Brockhaus 1929.

[31] Meyers neues Lexikon, Band 1, Ätzen; Ätztiefe; Ätzverfahren; Ätzvergolden, S. 592/593, Leipzig: Bibliographisches Institut 1972.

[32] Meyers neues Lexikon, Band 2, Beizen; Beizfehler; Beizgeräte; Beizmittel, S. 162/163, Leipzig: Bibliographisches Institut 1972.

[33] Brockhaus Enzyklopädie in vierundzwanzig Bänden, Zweiter Band, Ätzen, S. 290/292, Mannheim: F. A. Brockhaus 1987.

[34] Brockhaus Enzyklopädie in vierundzwanzig Bänden, Dritter Band, Beizen, S. 46/47, Mannheim: F. A. Brockhaus 1987.

[35] www.kso-beizerei.de.

[36] www.euro-inox.org/pdf/map/Passivating_Pickling_DE.pdf.

[37] www.rahaus.com/pics/pdf/PDF_Beizbad.pdf.

[38] www.bsk-siegen.de/index.php?option=com...

[39] www.ritter-chemie.com/.../index.html.

[40] www.henkel-epol.com/...pdf/10_chemikalien_produkt_lieferspektrum.pdf.

[41] www.edelstahlbeizerei.de/beizverfahren.htm.

[42] mitglied.lycos.de/fpgc/downs/09_Metallographie.pdf.

[43] www.metalle.uni-bayreuth.de/de/.../Prakt_G3_Metallographie.pdf.

[44] www.chh.de.free.fr/archiv/Uni/WK/Metallographie.pdf.

Inhaltsübersicht zu Biringuccios zehn Bücher der Della pirotechnica Libri X.

aus [I] bis [III].

1. Buch: Die Metalle, Erze, Mineralien, Erzgruben, der Stollen- und Schachtbau, die Werkzeuge des Bergmanns.
2. Buch: Die Halbmetalle, Quecksilbergewinnung, Metallkiese, Edelsteine (Diamant, Smaragd, Saphir), Lasursteine, Bergkristalle, Alaun- und Salzgewinnung, das Arsenik.
3. Buch: Die Probierkunst und Öfen.
4. Buch: Die Goldschmiedekunst.
5. Buch: Die Legierungen.
6. Buch: Die Formerei, Dimensionierung und Gießkunst der Glocken, Klöppeln und Kanonen sowie das Schweißen zersprungener Glocken.
7. Buch: Die Metallschmelzverfahren, Bohrmühlen und Blasebälge.
8. Buch: Der Guss kleiner Gegenstände.
9. Buch: Das Destillieren und Sublimieren sowie die Wasser- und Ölgewinnung, die Münzkunst, das Schmieden, Schriftgießen, Ziehen von Gold-, Silber-, Kupfer- und Messingdraht, Ver- und Entgolden sowie Goldverspinnen, die Anfertigung von Metallspiegeln, das Erstellen von Tiegeln zum Erschmelzen aller bekannten Metalle, die Töpferkunst und das Kalkbrennen.
10. Buch: Das Schiesspulver, die Feuerwerkerei und Minierkunst.

[I]   Johannsen, O.: Biringuccios Pirotechnia. Ein Lehrbuch der chemisch-metallurgischen Technologie und des Artilleriewesens aus dem 16. Jahrhundert. Übersetzt und erläutert von Dr. Otto Johannsen nach der historisch-kritischen Ausgabe von Mieli (Biringuccio 1540/1914), Braunschweig: Verlag von Friedrich Vieweg & Sohn Akt.-Ges. 1925.

[II]   Beck, Th.: Vannoccio Biringuccio in Beiträge zur Geschichte des Maschinenbaus, Berlin: Verlag Julius Springer 1900.

[III] Matschoß, C.: Männer der Technik. Klassiker der Technik. Ein biographisches Handbuch, Berlin VDI-Verlag 1925 / Düsseldorf: VDI-Verlag 1985.

Kurze Übersicht über Agricolas zwölf Bücher der De metallica Libri XII.

- „Deren erstes enthält das, was gegen die Kunst und gegen Bergwerke und Bergleute von den Gegnern gesagt werden kann;

- das zweite unterrichtet den Bergmann darüber, wie er sein soll, und geht über zur Erörterung über die Auffindung von Gängen;

- das dritte handelt von Gängen und Klüften und von ihren Verwerfungen;

- das vierte setzt die Methode des Ausrichtens der Gänge auseinander und bespricht auch die Ämter der Bergleute;

- das fünfte zeigt das Hauen der Gänge und die Kunst des Markscheidens;

- das sechste beschreibt die bergbaulichen Werkzeuge und Maschinen;

- das siebente handelt vom Probieren der Erze;

- das achte belehrt darüber, wie das Erz gebrannt, zerkleinert, gewaschen und geröstet wird;

- das neunte setzt die Art des Schmelzens der Erze auseinander;

- das zehnte unterrichtet die Bergbautreibenden darüber, wie Silber vom Golde und Blei von diesem und Silber geschieden wird;

- das elfte zeigt die Wege, wie Silber vom Kupfer zu scheiden ist;

- das zwölfte gibt Vorschriften, wie Salz, Natron, Alaun, Vitriol, Schwefel, Bergwachs und Glas zu bereiten sind." [22].

[22] Matschoß, C.: Große Ingenieure, Lebensbeschreibungen aus Geschichte der Technik, II. Vom Zusammenbruch des Römischen Reiches bis zum Entstehen der neuzeitigen Technik im 18. Jahrhundert, 6. Georgius Agricola und die deutschen Kunstmeister des Berg- und Hüttenwesens, München, Berlin: J. F. Lehmanns Verlag 1937.
Literatur zum Teil: Geschichtlicher Überblick zum Ätzen und Beizen der Nichteisenmetalle.

Determinationen zum Beizen und Ätzen der Metalle.

Beizen von Metallen [24].

Unter Beizen wird im Metallsektor die Behandlung von festen Körpern zur Veränderung der Oberfläche (Reinigen, Aufrauhen, Färben) mit einer Beize verstanden, um helle, metallisch reine Außenflächen zu erzielen. Des Weiteren kann eine Beizung auch zum Schutz der Oberfläche gegen Oxidation dienen. Es geschieht in der Hauptsache durch ein Anätzen mittels aggressiver Chemikalien, meist Säuren oder Laugen. Ein solcher Vorgang wird unter anderem in der Galvanotechnik eingesetzt, um aufgetragene Metallschichten zu entfernen oder um eine oxidfreie Oberfläche zu bekommen. Dieser Vorgang wird oft durch elektrischen Strom unterstützt.

Damit die Beizen gleichmäßig einwirken können, müssen organische Schmiermittel, Bohröle, fetthaltige Kühlemulsionen, Konservierungsmittel, Strahlstäube, Schweißschlackenreste, Russ, Farbkennzeichnungen, Schutzfolien, Aufkleber, selbst Klebreste wie auch feuchten, fettigen Schmutzpartikeln von der zu beizenden Oberfläche befreit sein.

Eine Vorreinigung der Teile wird beim Metallbeizen im Regelfall in einem Tauchbad mittels einer alkalischen Abkochentfettung bei höheren Temperaturen oder durch Einsprühen von Stahlreinigern, z. B. bei Edelstahlkomponenten, auf Basis von Phosphorsäure (H_3PO_4) mit Zusätzen von Tensiden, vorgenommen.

Tauchbeizen.

Beim industriellen nasstechnischen Tauchbeizen handelt es sich um die wirtschaftlichste Methode zum ganzflächigen Metallbeizen sowohl von Edelstahlkomponenten wie auch von nicht rostenden Stählen, wobei für jeden Einsatzzweck und Werkstoff abgestimmte Tauchbeizmedien zum Einsatz kommen. Durch diese Beizmethode lassen sich Zunder und Schweißoxide wirksam entfernen. Zum Einsatz kommen dafür Beizanlagen mit Beizbädern in den Abmessungen von 4.500 x 4.500 x 1.100 Millimeter bis 13.500 x 2.900 x 2.000 Millimeter, wobei Stückgewichte bis 25 Tonnen möglich sind [35]. Ein Tauchbeizen wird in der Regel beim Hersteller oder in speziellen Beizbetrieben ausgeführt [36].

Sprühbeizen.

Die Methode des Sprühbeizens wird überwiegend für Werkstücke, Konstruktionen, Bauteile, die lang, sperrig und/oder voluminös sind, welche nicht getaucht werden können, zum Einsatz gebracht. Industriell lassen sich heutzutage Komponenten bis zu einer Länge von 40 Metern und mit einem Stückgewicht bis zu 25 Tonnen beizen. Im Einzelnen werden dadurch nicht nur Anlauffarben, Verzunderungen, Korrosion wie auch Öl und Fettspuren beseitigt, sondern mithin entsteht dank dieser Beizvariante ein gleichmäßiges Beizbild [35]. Sprühbeizen hat den Vorteil, neben der Ausführung beim Hersteller, von Spezialbetrieben auch am Einsatzort wie auch auf der Baustelle eingesetzt zu werden [36].

[24] dictionary.babylon.com/Beizen sowie Wikipedia Beizen, Literatur zum Teil:
Geschichtlicher Überblick zum Ätzen und Beizen der Nichteisenmetalle.
[35] www.kso-beizerei.de.
[36] www.euro-inox.org/pdf/map/Passivating_Pickling_DE.pdf.

Umlaufbeizen.

Umlaufbeizen ist eine Behandlung wobei das flüssige Beizmittel zirkulierend durch ein Rohrsystem gepumpt wird. Es läßt sich auch problemlos vor Ort an Anlagen ausführen [36].

Beizen mit Beizpasten oder Beizgels.

Das Beizen mit Beizpasten oder Beizgels kommt meistenteils bei eingegrenzten Bereichen, zum Beispiel im Umfeld von Schweiß- bzw. Hartlötverbindungen, zum Einsatz, wobei diese Beizmittel gemeinhin mit dem Pinsel, also mittels Handverfahren, wie auch durch Sprühen [39] aufgetragen werden können. Einsetzbar ist diese Beiztechnik problemlos allerorts [36]. Beizpasten, die eingedickte Säuremischungen sind, wurden vordergründig zum Beizen von Schweißnähten konzipiert; für den Einsatz auf größeren Flächen sind sie ungeeignet, da sie auf diesen ein uneinheitliches streifiges Oberflächenbild entstehen lassen, was auch für die Verwendung von Beizgels zutreffend ist [37]. [38]

Beizen von Eisenwerkstoffen.

Beispielsweise stellt das Beizen, mittels Salzsäure (HCl), Schwefelsäure (H_2SO_4) oder Phosphorsäure (H_3PO_4), einen wichtigen Prozessschritt bei der Behandlung unlegierter Eisenwerkstoffe, wie zum Beispiel bei der Herstellung kalt gewalzter Stahlbänder, dar. Zweck ist, den durch den Warmwalzprozess an der Oberfläche entstandenen, festen Abbrand, den so genannten Zunder, zu entfernen. Insbesondere der Schwefelsäureprozess bedarf wegen seines selektiven Zunderangriffes einer mechanischen Vorbehandlung und danach, damit keine Säurereste mehr an der Oberfläche anhaften eine Spülung mittels Wasserkaskade. Für hoch legierte Eisenwerkstoffe kommen meist Mischsäuren und alkalische Salzschmelzen zum Einsatz. Elektrochemische Verfahren arbeiten mit sauren, neutralen und basischen Elektrolyten. In speziellen Fällen werden auch zum Beizen Beizpasten verwendet [24].

Erfordernisse für den Beizprozess nicht rostender Stähle.

Ein Beizen von nicht rostenden Stählen ist nötig, wenn der für die Korrosionsbeständigkeit optimale Oberflächenzustand nicht mehr sichergestellt ist, nämlich im Allgemeinen durch:

- Bildung von Zunderschichten bei Wärmebehandlungen, wie Glühen, Härten, Anlassen, Vergüten wie auch Hochtemperaturverarbeitung.
- Bildung von Anlauffarben durch Schweißen, Schleifen, thermisches Trennen o. ä.
- Rückstände von Schweißspritzern, vom elektrotechnologischen Metallabtrag.
- Ablagerungen von Metalloxiden, entstanden aus Schweißrauch, Schleifstäuben.
- Fremdoxide, Schweißschlackenreste [37].
- Fremdrosteinwirkung, vor allem durch Fremdeisenkontamination durch gemeinsame Verarbeitung von nicht rostendem und un- oder niedrig legiertem Stahl sowie durch Einsatzkontakt von Werk- und Hebezeugen aus Kohlenstoffstahl wie auch Flugrost.

[24] dictionary.babylon.com/Beizen sowie Wikipedia Beizen, Literatur Nichteisenmetalle.
[36] www.euro-inox.org/pdf/map/Passivating_Pickling_DE.pdf.
[37] www.rahaus.com/pics/pdf/PDF_Beizbad.pdf.
[38] www.bsk-siegen.de/index.php?option=com...

- Materialabrieb von Stahlwerkzeugen bzw. nichtmetallischen Fertigungsmitteln.
- Bildung von Chromcarbid durch den Wärmeeinfluss beim Drehen, Fräsen, Teilen, Bohren, Reiben, Gewindeschneiden oder Bohren ohne Kühlschmiermittel.
- Bildung von Umformmartensit durch Gefügeveränderung bei der Kaltverformung. [36] bis [41].

Zum Beizen von Edelstahloberflächen selbst werden vor allem zwei Varianten genutzt, nämlich das mit nicht viskos eingestellten Lösungen, das Badbeizen, sowie das mit viskos eingestellten Lösungen, das Pastenbeizen, mittels Streichverfahren (Pinsel, Bürste); Kombiverfahren (Pinsel, Sprühgerät) bzw. Sprühverfahren (Sprühgerät) [39].

Beizen von Aluminium.

Zum Aluminiumbeizen dient oft dazu eine Mischung aus 27,5 Gewichtsprozent konzentrierter Schwefelsäure (H_2SO_4), 7,5 Gewichtsprozent Natriumdichromat ($Na_2Cr_2O_7 \cdot 2H_2O$) sowie 65 Gewichtsprozent Wasser (H_2O). Einfacher und ungiftiger ist der Prozess unter Verwendung von Natronlauge ($Na(OH)$). Aus der Galvanotechnik ist bekannt, daß da das Beizen oft mit einer Mischung aus Salpetersäure (HNO_3) und Flusssäure (HF) erfolgt [24].

Beizen anderer Metalle.

Beim Beizen von Kupfer, Bronze, Messing, Rotguss, Tafelmessing, Goldmessing, Tombak *) werden meist Chromsäuregemische verwendet, was auch als Brennen oder Gelbbrennen bezeichnet wird. Angeführt sei, daß in der Galvanotechnik zur Aktivierung des Grundmetalls für die weitere Beschichtung diverse stromlose und stromunterstützte Beizverfahren zum Einsatz kommen. Wichtig zu wissen ist außerdem, daß schon kleine Unterschiede der Legierungsbestandteile unterschiedliche Beizverfahren erfordern können [24].

Vorteile des Beizens gegenüber Schleifen oder Glasstrahlen.

Der Vorteil des Beizens gegenüber dem Schleifen oder Strahlen, speziell dem Glasstrahlen ist, daß die beim Schweißen entstandenen Eigenferrite nur durch die Beize gelöst und von der Oberfläche weggewaschen werden. Der Nachteil einer mechanischen Bearbeitung ist, daß die Eigenferrite zum Teil in den Edelstahl hineingearbeitet werden und dadurch nur noch schwer entfernbar sind [41].

*) Tombak leitet sich vom malaysischen Namen für Kupfer, „Tumbaga" oder „Tambaga" ab. Es ist ein Messing mit mehr als 70 Prozent Kupfer wie Tafelmessing, Goldmessing, exakt ist Tombak (Goldin, Oron, Oreid, Sililor) ein Messing aus 90 Prozent Kupfer und 10 Prozent Zink.

[24] dictionary.babylon.com/Beizen sowie Wikipedia Beizen, Literatur zum Teil: Geschichtlicher Überblick zum Ätzen und Beizen der Nichteisenmetalle.
[36] www.euro-inox.org/pdf/map/Passivating_Pickling_DE.pdf.
[37] www.rahaus.com/pics/pdf/PDF_Beizbad.pdf.
[38] www.bsk-siegen.de/index.php?option=com...
[39] www.ritter-chemie.com/.../index.html.
[40] www.henkel-epol.com/...pdf/10_chemikalien_produkt_lieferspektrum.pdf.
[41] www.edelstahlbeizerei.de/beizverfahren.htm.

Metallätzen [24].

Metallätzen bezeichnet die Abtragung von Material in Form von Vertiefungen auf der Metalloberfläche durch Anwendung ätzender Stoffe (Ätzwasser). In der Metallbearbeitung ist das Ätzen ein Gravierungsverfahren, das an den Stellen, die nicht mit Abdeckschichten (Ätzgrund) versehen sind, das Metall u. a. chemisch bzw. elektrochemisch abträgt. Als Ingredienzien dienen Wachs, Kolophonium, Asphalt, Pech, die einzeln wie auch in spezifischen Mischungen in Anwendung gelangen. Ist der zu ätzende Metallkörper auf der Oberfläche nicht vollkommen gleichartig, so werden einzelne Teile stärker angegriffen als andere, und es entstehen Muster, die bisweilen auch zur Verzierung erzeugt werden.

Zum einen erhält mit Salzsäure behandeltes Weißblech ein eisblumenartiges, perlmuttglänzendes Ansehen, indem das kristallinische oder matt aussehende Gefüge des Zinnüberzugs hervortritt, was auch unter der Bezeichnung Moiré métallique bekannt ist.

Zum anderen zeigt Damaststahl nach einer Behandlung mit schwacher Säure an der Oberfläche eine äderige geflammte Musterung (Damaszierung), die entsprechend ihrer Ausbildung die Namen Banddamast, Rosendamast, Wellendamast, Mosaikdamast trägt. Beides ist in der Literatur auch unter dem Begriff Moiré-Effekt geführt.

In der Metallographie wird durch Ätzen der Gefügeaufbau von Metallen oder Metalllegierungen mittels Ätzmittel sichtbar gemacht, wobei zwischen der Makroätzung bei der sich das Gefüge nach dem Ätzen mit bloßem Auge oder durch geringe Vergrößerung bis etwa 20 : 1 betrachtet und der Mikroätzung bei der das freigelegte Metallgefüge mit Vergrößerungen über 20 : 1 licht- oder elektronenmikroskopisch bewertet wird. Angewendet wird das Ätzen im Allgemeinen in der industriellen Fertigungstechnik, Polygraphie wie auch in der Kunst und im Kunsthandwerk.

Trockenätzen.

Beim Trockenätzen handelt es sich um einen Ätzprozess, der in gasförmigem Plasma erfolgt, wobei der Ätzabtrag durch Teilchen, die in einem Gasplasma erzeugt wurden, passiert. Das Verfahren wird in der Halbleitertechnik angewandt und dient zur Erzeugung von Leiterbahnen in Wafer aus Silizium. Beim Trockenätzen handelt es sich um einen anisotropischen Ätzvorgang, das Nassätzen ist im Gegensatz dazu ein isotropischer Ätzvorgang. Zum Trockenätzen gehören drei Methoden: das physikalische, chemische und chemisch-physikalische Ätzen.

Physikalisches Ätzen.

Beim physikalischen Ätzen (auch Sputterätzen) geht der Ätzangriff auf das Substrat von Edelgasionen, zum Beispiel Argon, durch ihre kinetische Energie aus, wobei es sich dabei um einen rein physikalischen Vorgang handelt.

[24] dictionary.babylon.com/Beizen sowie Wikipedia Beizen, Literatur zum Teil:
     Geschichtlicher Überblick zum Ätzen und Beizen der Nichteisenmetalle.

Chemisches Ätzen.

Beim chemischen Ätzen wird das Plasma vom Wafer ferngehalten, wobei die die Ätzwirkung durch freie Radikale entsteht. Dabei müssen zwei Voraussetzungen für das Gelingen dieses Prozesses erfüllt sein: zum einen sollte das Reaktionsprodukt bei Prozessbedingungen flüchtig sein, zum anderen sollte die Lebensdauer eines Radikals lang genug sein, damit es die Wegstrecke vom Plasma zur Ätzschicht überwinden kann. Dieser Ätzprozess ist isotrop, also richtungsabhängig.

Chemisch-physikalisches Ätzen.

Beim chemisch-physikalischen Ätzen wird die chemische Ätzreaktion erst durch die kinetische Energie der auftreffenden Ionen ausgelöst. Aus dem Gasion und dem Schichtmolekül entsteht das flüchtige Ätzprodukt. Der Ätzvorgang ist anisotrop, also richtungsunabhängig.

Vorteile der Ätzverfahren.

Gegenüber anderen Oberflächenbehandlungen bieten die Ätzverfahren folgende Vorteile:

- Beim Ätzen wirkt keine Hitze auf das Material, das Gefüge bleibt unverändert.
- Ätzverfahren ermöglichen eine schnelle Herstellung von Prototypen, ohne Werkzeugkosten.
- Mit Ätzverfahren sind kleinste Auflagen sehr einfach und kostengünstig realisierbar.

Ätzen in der Metallographie.

In der Metallographie, bei der mit optischer Metallprobenuntersuchung eine qualitative und quantitative Beschreibung des Materialgefüges erfolgt, werden dafür makroskopische (V.: 2- bis 50-fach), mikroskopische (V.: bei 50- bis 1500-fach), elektronenmikroskopische (V.: bei 1.000- bis über 1.000.000-fach) Gefügebetrachtungen genutzt. Eine wichtige unerlässliche Voraussetzung hierfür ist die fachgerechte Herstellung eines Metallschliffes, was mittels der Arbeitsschritte: Probenentnahme, Einfassen bzw. Einbetten, Schleifen, Polieren, Ätzen der Probe vorgenommen wird, wobei das letzte Tun für eine Gefügeentwicklung notwendig ist. Für verschiedene Werkstoffe wurden empirisch folgende gängigen Ätzmittel ermittelt:

Ätzmittel: Salpetersäure (Nital): 1 ml Salpetersäure HNO_3 1,4; 100 ml Alkohol (Äthyl oder Methyl).
Zweck: für Eisen, Grauguss, niedrig legierte Stähle, Schnellarbeitsstähle zur Entwicklung des Kleingefüges sowie geeignet zur Ermittlung der nitrierten Schicht.

Ätzmittel: Pikrinsäure (Pikral): 4 g Pikrinsäure $HO \cdot C_6H_2 (NO_2)_3$; 100 ml Alkohol (Methyl oder Äthyl).

[42] bis [44].

[42] mitglied.lycos.de/fpgc/downs/09_Metallographie.pdf.
[43] www.metalle.uni-bayreuth.de/de/.../Prakt_G3_Metallographie.pdf.
[44] www.chh.de.free.fr/archiv/Uni/WK/Metallographie.pdf.

Zweck: für Eisen, Grauguss, niedrig legierte Stähle, Schnellarbeitsstähle zur
           Entwicklung des Kleingefüges sowie geeignet zur Ermittlung der nitrierten Schicht.

Ätzmittel: V2A-Beize: 10 ml Salpetersäure 1,4; 0,30 Vogels Sparbeize; 100 ml Salzsäure
           1,19; 100 ml destilliertes Wasser.
Zweck: besonders geeignet zur Entwicklung des Gefüges bei hochchromhaltigen nicht
           rostenden Stählen und bei Schnellarbeitsstählen sowie zur Entwicklung der
           Korngröße im martensitischen Gefüge bzw. Korngrenzenätzung für austenitisierte
           Cr-Ni-Stähle.

Ätzmittel: Keller-Wilcox: 5 ml Flusssäure 40%ig (HF in H_2O); 15 ml Salzsäure 1,19;
           24 ml Salpetersäure 1,40; 955 ml destilliertes Wasser.
Zweck: Entwicklung des Kleingefüges bei Reinaluminium und Al-Legierungen

Ätzmittel: 10 g Kupferammoniumchlorid: 120 ml destilliertes Wasser, soviel Ammoniak
           (NH_3) zusetzen, bis sich der entstehende Niederschlag wieder löst.
Zweck: Entwicklung des Kleingefüges von Kupfer, α-β-Messing, Rotgussbronze,
           Al-Bronze und Sondermessing.

Eingesetzt werden sie insbesondere für die drei Hauptarten der metallographischen Ätzungen
die Korngrenzen-, Kornflächen- und Kristallfigurenätzung, aber auch zur Farbätzung.

   • Korngrenzenätzung: Sie ist die gebräuchlichste aller Ätzungen.
     Es wird mit alkoholverdünnten Säuren kurz geätzt (Pikrinsäure + Salpetersäure).

   • Kornflächenätzung:
     Es werden nur die Kornflächen durch das Ätzmittel angegriffen. Zu dieser Art von
     Ätzungen werden Mischungen von Ätzmitteln verwendet.

   • Kristallfiguren- oder Korntiefenätzung:
     Es wird ein sehr starkes Ätzmittel (konzentrierte Säuren) eingesetzt.

Für die nach Makroätzung, die zur Bestimmung größerer Gefügeunregelmäßigkeiten wie auch
Fehler, wie Lunker; Einschlüsse; Seigerungen, Defekte durch niedrig schmelzende
Verbindungen; Wasserstoffeinwirkungen (Seigerungsrissigkeit, Kaltrisse, statisch verzögerter
Bruch); Dopplungen; Härte-; Schleif- und Relaxationsrisse; dient, stehen u. a. folgende
gebräuchliche Ätzverfahren bereit:

   ▪ **Ätzung nach Fry.**

Fry entwickelte ein Ätzmittel, das sich zusammensetzt aus
           100 ml destilliertem Wasser;
           120 ml konzentrierter Salzsäure;
           90 g Kupfer-II-Chlorid.

[42] mitglied.lycos.de/fpgc/downs/09_Metallographie.pdf.
[43] www.metalle.uni-bayreuth.de/de/.../Prakt_G3_Metallographie.pdf.
[44] www.chh.de.free.fr/archiv/Uni/WK/Metallographie.pdf.

Zweck: Dieses Ätzmittel wird angewendet, um Kaltverformungen, die durch Biegen, Strecken, Pressen, Stauchen usw. entstanden sind, sichtbar zu machen.

- **Ätzung nach Oberhoffer.**

Oberhoffer entwickelte ein Ätzmittel, das sich zusammensetzt aus
    1 g Kupferchlorid;
    30 g Eisenchlorid;
    0,5 g Zinnchlorid;
    42 ml Salzsäure 1,19;
    500 ml destilliertem Wasser;
    500 ml Alkohol.

Zweck: Dieses Ätzmittel wird angewendet, um Phosphoranreicherungen, und damit den Faserverlauf, sichtbar zu machen.

- **Ätzung nach Heyn.**

Heyn entwickelte ein Ätzmittel, das sich zusammensetzt aus
    9 g kristallisiertem Kupferammonchlorid ($CuCl_2 \cdot NH_4Cl \cdot 2\ H_2O$);
    100 ml Wasser.

Zweck: Dieses Ätzmittel wird angewendet, um P-S-Seigerungen sichtbar zu machen.

- **Ätzung nach Baumann.**

Baumann entwickelte ein Ätzverfahren, wobei
    Bromsilberpapier mit 5%iger Schwefelsäure (H_2SO_4) - (bei Tageslicht) getränkt und der Schliff je nach dem Schwefelgehalt zeitlich unterschiedlich darauf gedrückt wird.

Zweck: Mit Hilfe des Baumann- oder Schwefelabdruckes können Schwefelseigerungen sofort auf photographischem Papier festgehalten werden.

[42] bis [44].

[42] mitglied.lycos.de/fpgc/downs/09_Metallographie.pdf.
[43] www.metalle.uni-bayreuth.de/de/.../Prakt_G3_Metallographie.pdf.
[44] www.chh.de.free.fr/archiv/Uni/WK/Metallographie.pdf.

Vita des Autors.

Name:	Dr. Wolfgang Piersig
Geburtstag:	12. Mai 1944
Geburtsort und Schulbesuch:	Lessingstadt Kamenz (Sachsen)
Wohnort:	Berg- und Adam-Ries-Stadt Annaberg-Buchholz
Persönliche Verhältnisse:	verheiratet seit 1965 mit Frau Stefanie-Konstanze, Lochner, zwei Töchter.
Abschlüsse:	Schlosser (1961), BKW Heide-Wiednitz; Dipl.-Ing. (FH) für Kohleveredlung (1964), Berg-Ingenieur-Schule Senftenberg; Dipl.-Ing. für Werkstofftechnik (1972), Promotion zum Doktor-Ingenieur (1979), Hochschulpädagogik Stufe I und II (1980), Technische Hochschule Karl-Marx-Stadt; Technikgeschichte (1987), Technische Universität Dresden;

Veröffentlichungen des Autors.

- *Adolf Martens – Erinnerungen an den Nestor der Materialprüfungen der Technik.*
  GRIN-Verlag; Archivnummer: V83903,
  ISBN (E-Book): 978-3-638-88760-1; ISBN (Buch): 978-3-638-90360-8.
- *Emil Heyn – Adam-Ries-Nachfahre, gewidmet dem Nestor zweier Technikwissenschaften Metallkunde und Metallographie.*
  GRIN-Verlag; Archivnummer: V84013,
  nur ISBN (E-Book): 978-3-638-87588-2.
- *Erinnerungen an den 170. Geburtstag von Alexandre Gustave Eiffel und Bau des Eiffelturms vor 115 Jahren.*
  GRIN-Verlag; Archivnummer: V83763,
  ISBN (E-Book): 978-3-638-88603-1; ISBN (Buch): 978-3-638-90513-8.
- *Vannoccio Biringuccio und die Pirotechnia – 525. Geburtstag des ersten Autors der Metallurgie.*
  GRIN-Verlag; Archivnummer: V83955,
  ISBN (E-Book): 978-3-638-88607-9; ISBN (Buch): 978-3-638-90372-1.
- *Ein Exkurs durch die bedeutendsten Weltausstellungen von 1851 bis 2005 für Fachleute, Interessierte und Laien.*
  GRIN-Verlag; Archivnummer: V83815,
  ISBN (E-Book): 978-3-638-88605-5; ISBN (Buch): 978-3-638-89274-2.
- *Die Palmenblattflechterei und das Castell de Capdepera auf Mallorca.*
  GRIN-Verlag; Archivnummer: V116704,
  ISBN (E-Book): 978-3-640-18703-4; ISBN (Buch): 978-3-640-18856-7.
- *ECM - Elektrochemische Metallbearbeitung und EC-Kombinationsverfahren - Ein Beitrag zur Technikgeschichte anlässlich des 85. Geburtstag von Herrn Prof. Dr. rer. nat. sc. techn. Hans Wicht.*
  GRIN-Verlag; Archivnummer: V117592,
  ISBN (E-Book): 978-3-640-19823-8; ISBN (Buch): 978-3-640-19833-7.

- *Emil Heyn. Nestor der Technikwissenschaften Metallkunde und Metallographie. Ein kurzer Auszug aus der Emil-Heyn-Chronik und Rückblick auf das am 6. und 7. Juli 2007, anlässlich des 140. Geburtstages von Emil Heyn, in der Berg- und Adam-Ries-Stadt Annaberg-Buchholz stattgefundene Emil-Heyn-Kolloquium.*
  GRIN-Verlag; Archivnummer: V120087,
  ISBN (E-Book): 978-3-640-23584-1; ISBN (Buch): 978-3-640-23588-9.
- *Henry Clifton Sorby – Begründer der klassischen Metallographie – Mit einem Abstract über die Herausbildung der Technikwissenschaft Metallographie, nebst Originalquellen, Schrifttumstipps, Literaturregister.*
  GRIN-Verlag; Archivnummer: V123320,
  ISBN (E-Book): ISBN: 978-3-640-27261-7; ISBN (Buch): ISBN: 978-3-640-27265-5.
- *Henry Bessemer und das Bessemern, mit einer Sammlung und Anlage von Veröffentlichungen darüber.*
  GRIN-Verlag; Archivnummer: V131002,
  ISBN (E-Book): 978-3-640-36415-2; ISBN (Buch): 978-3-640-36361-2.
- *Der Kristallpalast zu London, mit einer Vita zu Joseph Paxton, dem Architekten des Crystal Palace zu London, nebst einem Kurzbericht über die erste Weltausstellung London 1851. Beitrag zur Technikgeschichte. (1)*
  GRIN Verlag; Archivnummer: V132604,
  ISBN (E-Book): 978-3-640-38260-6; ISBN (Buch): 978-3-640-38312-2
- *Beitrag zur Entstehung und Entwicklung des Musicals.*
  GRIN Verlag; Archivnummer: V131395.
  ISBN (E-Book): 978-3-640-36639-2; ISBN (Buch): 978-3-640-36612-5.
- *Johann Bauschinger – Begründer der mechanisch-technischen Versuchsanstalten, mit dem Nachruf von Professor Adolf Martens und der Gedenkrede von Professor Friedrich Kick auf Professor Johann Bauschinger (1834-1893).*
  GRIN Verlag; Archivnummer: V132971,
  ISBN (E-Book): ISBN: 978-3-640-39292-6; ISBN (Buch): 978-3-640-39322-0.
- *Kompendium Papier – eine Chronologie mit einem umfangreichen Lexikon zu diesem alltäglichen Werkstoff.*
  GRIN Verlag; Archivnummer: V134334,
  ISBN E-Book): 978-3-640-40896-2; ISBN (Buch): 978-3-640-40940-2.
- *Der sächsische Lokomotivenkönig. Zum 200. Geburtstag des sächsischen Lokomotivenkönigs und Industriepioniers Richard Hartmann.*
  GRIN Verlag; Archivnummer: V137862,
  E-Book ISBN: 978-3-640-44585-1; ISBN (Buch): 978-3-640-44592-9.
  Mikroskop und Mikroskopie - Ein wichtiger Helfer auf vielen Gebieten mit Definitionen, Geschichte, Daten, Literatur.
  GRIN-Verlag; Archivnummer: V140522,
  ISBN (E-Book): 978-3-640-48209-2; ISBN (Buch): 978-3-640-48200-9.
- *Der Kristallpalast von London und sein Architekt Joseph Paxton. Der Glaspalast zu München.*
  Beiträge zur Technikgeschichte (1).
  GRIN-Verlag; Archivnummer: V141687,
  ISBN (E-Book): i. V.; ISBN (Buch): i. V.
- *Das Schmieden und die Schmiedekunst. Historisches zur Metallbearbeitung.*
  Beiträge zur Technikgeschichte (2).
  GRIN-Verlag; Archivnummer: V141883,
  ISBN (E-Book): i. V.; ISBN (Buch): i. V.

- *Geschmiedete blanke Waffen – Symbole der Macht, Kraft und Eleganz. Drahtherstellung.*
  Beiträge zur Technikgeschichte (3).
  GRIN-Verlag; Archivnummer: V141883,
  ISBN (E-Book): i. V.; ISBN (Buch): i. V.
- *Geschichtlicher Abriss zum Prägen von Metallmünzen.*
  Beiträge zur Technikgeschichte (4).
  GRIN-Verlag; Archivnummer: V141944,
  ISBN (E-Book): i. V.; ISBN (Buch): i. V.
- *Die sieben Metalle der Antike. Gold. Silber. Kupfer. Zinn. Blei. Eisen. Quecksilber.*
  Beiträge zur Technikgeschichte (5).
  GRIN-Verlag; Archivnummer: V141999,
  ISBN (E-Book): i. V.; ISBN (Buch): i. V.
- *Geschichtlicher Überblick zur Entwicklung von Bronzeglocken.*
  Beiträge zur Technikgeschichte (6).
  GRIN-Verlag; Archivnummer: V142071,
  ISBN (E-Book): i. V.; ISBN (Buch): i. V.
- *Aluminium - ein Metall mit kurzer Geschichte, aber mit großer Zukunft.*
  Beiträge zur Technikgeschichte (7).
  GRIN-Verlag; Archivnummer: V142299,
  ISBN (E-Book): i. V.; ISBN (Buch): i. V.
- *Henry Clifton Sorby - Adolf Martens - Emil Heyn.*
  Die Nestoren der Technikwissenschaft Metallographie.
  GRIN-Verlag; Archivnummer: V142300,
  ISBN (E-Book): i. V.; ISBN (Buch): i. V.
- *Geschichtlicher Überblick zur Entwicklung der Metallbearbeitung.*
  Beitrag zur Technikgeschichte (8).
  GRIN-Verlag; Archivnummer: V142312,
  ISBN (E-Book): i. V.; ISBN (Buch): i. V.
- *Erinnerungen an Alexandre Gustave Eiffel und den Bau des Eiffelturms vor 120 Jahren.*
  Beitrag zur Technikgeschichte (9).
  GRIN-Verlag; Archivnummer: V142399,
  ISBN (E-Book): i. V.; ISBN (Buch): i. V.
- *Überblick zur Entwicklung des Waffenhandwerks im Thüringer Wald.*
  Beitrag zur Technikgeschichte (10).
  GRIN-Verlag; Archivnummer: V142455,
  ISBN (E-Book): i. V.; ISBN (Buch): i. V.
- *Ein geschichtlicher Überblick zum Eisen im Erzgebirge. Der Frohnauer Hammer –*
  570 Jahre Herrenhaus und 350 Jahre Eisenhammer.
  Beitrag zur Technikgeschichte (11).
  GRIN-Verlag; Archivnummer: V142518,
  ISBN (E-Book): i. V.; ISBN (Buch): i. V.
- *Überblick zum Beizen der Nichteisenmetalle von den Anfängen bis zu Beginn*
  des 21. Jahrhunderts.
  Abriss zur Entwicklungsgeschichte des Eisenätzens bis hin zum Eisen- und
  Stahlbeizens.
  Beitrag zur Technikgeschichte (12).
  GRIN-Verlag; Archivnummer: i. V.,
  ISBN (E-Book): i. V.; ISBN (Buch): i. V.

- *Erinnerungen an den 170. Geburtstag von Alexandre Gustave Eiffel und der Bau des Eiffelturms vor 115 Jahren.*
Collection deutscher Erzähler – Eine Anthologie neuer deutschsprachiger Autorinnen und Autoren, Band 3, Frankfurt/Main : R. G. Fischer Verlag 2004,
ISBN: 3-8301-0633-5.
- *Emil Heyn – Nestor der Metallkunde und Metallographie.*
Stahl und eisen 125 (2005) Nr. 6, 15. Juni 2005, S. 54/56.
- *Vannoccio Biringuccio und die Pirotechnia.*
Stahl und eisen 126 (2006) Nr. 3, 15. März 2006, S. 96/98.
- *Gedenken zum 100. Todestag.*
Adolf Ledebur – Theoria cum praxi.
Stahl und eisen 126 (2006) Nr. 6, 19. Juni 2006, S. 104/106.
- *Annaberger Museumsnacht mit einem neuen Angebot.*
Emil Heyn zu Gast bei Adam Ries.
Stahl und eisen 126 (2006) Nr. 9, 15. September 2006, S. 98.
- *Adolf Martens.*
Erinnerungen an den Nestor aller Materialprüfungen der Technik.
Stahl und eisen 127 (2007) Nr. 3, 15. März 2007, S. 112/114.
- *Reminiszenzen an den Baubeginn des Eiffelturms vor 120 Jahren.*
Stahl und eisen 127 (2007) Nr. 11, 7. November 2007, S. 170/174.
- *Zum 110. Todestag von Henry Bessemer.*
Henry Bessemer und sein Stahlgewinnungsverfahren.
Stahl und eisen 128 (2008) Nr. 3, 17. März 2008, S. 118/120.
- *100. Todestag von Henry Clifton Sorby.*
Henry Clifton Sorby gilt als Begründer der Metallographie.
Stahl und eisen 128 (2008) Nr. 6, 16. Juni 2008, S. 104/106.
- *Emil Heyn in seiner Geburtsstadt geehrt.*
Praktische Metallographie 45 (2008), H. 11, S. 566/574.
- *175. Geburtstag von Johann Bauschinger – Begründer der mechanisch-technischen Versuchsanstalten.*
Stahl und eisen 129 (2009) Nr. 6, 16. Juni 2009, S. 100/102.
- *Zum 200. Geburtstag des sächsischen Lokomotivenkönigs und Industriepioniers Richard Hartmann (1809-1878).*
Stahl und eisen 129 (2009) Nr. 11, November 2009, S. 129/131.

Annaberg-Buchholz im Januar 2010.

Abstract.

In diesem Buch werden historische Exkurse zum Ätzen und Beizen der Nichteisenmetalle sowie von Eisen und Stahl unternommen.

Zum einen ist darin definiert und aufgeschrieben, daß unter dem Beizen in der Technik die Oberflächenveränderung fester Körper, z. B. bestimmter Werkstoffe wie auch Legierungen, von Verbrauchgütern, Kunsthandwerk sowie Metallkunst, mittels Lösungen von Säure, Salz u. a. zum Zwecke der Reinigung, der Färbung wie auch der Vorbereitung auf einen Fabrikationsvorgang, einer Weiterbehandlung oder eines Verbrauchs, verstanden wird, und, daß sich diese Oberflächenbehandlung im Gegensatz zum Ätzen auf die gesamte Metalloberfläche erstreckt.

Zum anderen ist darin determiniert und niedergeschrieben, daß unter dem Ätzen im Technischen das Abtragen und Verändern der Oberfläche fester Stoffe, vor allem an Metallen und deren Legierungen, durch Anwendung auflösender, mehr oder weniger chemisch aggressiver Substanzen wie auch den Gebrauch einer elektrochemischen Einwirkung, die Nutzung des Strahlätzens sowie der Strahlenabtragung, verstanden wird, um gezielt vertiefte Zeichnungen, Strukturen, ornamentale Gliederungen, geätzte Schriftzeichen sowie Streifenbänder in das metallische Material zu bekommen. Außerdem ist in diesem Reader auch zu erfahren, daß bei dieser Oberflächenbehandlung im Gegensatz zum Beizen sowohl die Deckschicht lokal gezielt entfernt wie auch ihr Untergrund zweckgerichtet abgetragen werden. Und dies, daß es erforderlich ist, die Oberflächenstellen, die von dem Ätzmittel nicht angegriffen werden sollen, mit einer Schutzschicht, beispielsweise aus Kunstharz, Wachs, Asphalt oder Pech, abzudecken.

Mit historischen Überblicken zur Entwicklung des Ätzens und Beizens der Nichteisenmetalle wie auch von Eisen und Stahl wird auch auserwähltes zum Gebrauch dieser Verfahren für die Oberflächenreinigung bzw. Oberflächenmodifizierung von den Ursprüngen bis in die Jetztzeit vermittelt. Darüber hinaus werden Determinationen zum Metallbeizen und -ätzen, speziell zum Ätzen in der Metallographie, gegeben.

In der Publikation werden außerdem Erläuterungen gegeben zum Tauchbeizen, Sprühbeizen, Umlaufbeizen, Beizen mit Beizpasten bzw. Beizgels, Eisenwerkstoffbeizen, Beizen nicht rostender Stähle, Beizen von Aluminium und anderer Metalle, Vorteil des Beizens gegenüber dem Schleifen oder Glasstrahlen, zu den Arten des Metallätzens, wie zum Trockenätzen, physikalischen, chemischen und chemisch-physikalischen Ätzen wie auch zu den Vorteilen der Ätzverfahren.

BEI GRIN MACHT SICH IHR WISSEN BEZAHLT

- Wir veröffentlichen Ihre Hausarbeit,
  Bachelor- und Masterarbeit

- Ihr eigenes eBook und Buch -
  weltweit in allen wichtigen Shops

- Verdienen Sie an jedem Verkauf

Jetzt bei www.GRIN.com hochladen
und kostenlos publizieren